W _____

U. _____

P. _____

Notes: _____
_____
_____
_____

✳ ✳ ✳ ✳

Website: _____

Username: _____

Password: _____

Notes: _____
_____
_____
_____

✳ ✳ ✳ ✳

Website: _____

Username: _____

Password: _____

Notes: _____
_____
_____
_____

A

Website:

Username:

Password:

Notes:

✳ ✳ ✳ ✳

Website:

Username:

Password:

Notes:

✳ ✳ ✳ ✳

Website:

Username:

Password:

Notes:

A

Website: _____

Username: _____

Password: _____

Notes: _____

_____

_____

_____

✳ ✳ ✳ ✳

Website: _____

Username: _____

Password: _____

Notes: _____

_____

_____

_____

✳ ✳ ✳ ✳

Website: _____

Username: _____

Password: _____

Notes: _____

_____

_____

_____

A

Website:

Username:

Password:

Notes:

✳ ✳ ✳ ✳

Website:

Username:

Password:

Notes:

✳ ✳ ✳ ✳

Website:

Username:

Password:

Notes:

Website: _____

Username: _____

Password: _____

Notes: _____

_____

_____

_____

_____

✳ ✳ ✳ ✳

Website: _____

Username: _____

Password: _____

Notes: _____

_____

_____

_____

_____

✳ ✳ ✳ ✳

Website: _____

Username: _____

Password: _____

Notes: _____

_____

_____

_____

_____

B

Website:

Username:

Password:

Notes:

＊　＊　＊　＊

Website:

Username:

Password:

Notes:

＊　＊　＊　＊

Website:

Username:

Password:

Notes:

Website: _____

Username: _____

Password: _____

Notes: _____

_____

_____

_____

✳ ✳ ✳ ✳

Website: _____

Username: _____

Password: _____

Notes: _____

_____

_____

_____

✳ ✳ ✳ ✳

Website: _____

Username: _____

Password: _____

Notes: _____

_____

_____

_____

B

Website:

Username:

Password:

Notes:

✳ ✳ ✳ ✳

Website:

Username:

Password:

Notes:

✳ ✳ ✳ ✳

Website:

Username:

Password:

Notes:

C

Website:

Username:

Password:

Notes:

✳ ✳ ✳ ✳

Website:

Username:

Password:

Notes:

✳ ✳ ✳ ✳

Website:

Username:

Password:

Notes:

Website: _____

Username: _____

Password: _____

Notes: _____

_____

_____

_____

✳ ✳ ✳ ✳

Website: _____

Username: _____

Password: _____

Notes: _____

_____

_____

_____

✳ ✳ ✳ ✳

Website: _____

Username: _____

Password: _____

Notes: _____

_____

_____

_____

Website: _____

Username: _____

Password: _____

Notes: _____

_____

_____

_____

✳ ✳ ✳ ✳

Website: _____

Username: _____

Password: _____

Notes: _____

_____

_____

_____

✳ ✳ ✳ ✳

Website: _____

Username: _____

Password: _____

Notes: _____

_____

_____

_____

C

Website: _____

Username: _____

Password: _____

Notes: _____

_____

_____

_____

✳ ✳ ✳ ✳

Website: _____

Username: _____

Password: _____

Notes: _____

_____

_____

_____

✳ ✳ ✳ ✳

Website: _____

Username: _____

Password: _____

Notes: _____

_____

_____

_____

Website: _____

Username: _____

Password: _____

Notes: _____

_____

_____

_____

_____

✳ ✳ ✳ ✳

Website: _____

Username: _____

Password: _____

Notes: _____

_____

_____

_____

_____

✳ ✳ ✳ ✳

Website: _____

Username: _____

Password: _____

Notes: _____

_____

_____

_____

_____

D

Website:

Username:

Password:

Notes:

* * * *

Website:

Username:

Password:

Notes:

* * * *

Website:

Username:

Password:

Notes:

Website:

Username:

Password:

Notes:

✳ ✳ ✳ ✳

Website:

Username:

Password:

Notes:

✳ ✳ ✳ ✳

Website:

Username:

Password:

Notes:

D

Website: _____

Username: _____

Password: _____

Notes: _____

_____

_____

_____

✳ ✳ ✳ ✳

Website: _____

Username: _____

Password: _____

Notes: _____

_____

_____

_____

✳ ✳ ✳ ✳

Website: _____

Username: _____

Password: _____

Notes: _____

_____

_____

_____

Website: _____

Username: _____

Password: _____

Notes: _____

_____

_____

_____

✳ ✳ ✳ ✳

Website: _____

Username: _____

Password: _____

Notes: _____

_____

_____

_____

✳ ✳ ✳ ✳

Website: _____

Username: _____

Password: _____

Notes: _____

_____

_____

_____

EF

Website: _____

Username: _____

Password: _____

Notes: _____

_____

_____

_____

✳ ✳ ✳ ✳

Website: _____

Username: _____

Password: _____

Notes: _____

_____

_____

_____

✳ ✳ ✳ ✳

Website: _____

Username: _____

Password: _____

Notes: _____

_____

_____

_____

Website:

Username:

Password:

Notes:

EF

✳ ✳ ✳ ✳

Website:

Username:

Password:

Notes:

✳ ✳ ✳ ✳

Website:

Username:

Password:

Notes:

Website:

Username:

Password:

Notes:

EF

* * * *

Website:

Username:

Password:

Notes:

* * * *

Website:

Username:

Password:

Notes:

Website: www.gooseberrypatch.com

Username:

Password:

Notes: gooseberrypatch.typepad.com

facebook.com/gooseberrypatch

twitter.com/gooseberrypatch

youtube.com/gooseberrypatchcom

G

✳ ✳ ✳ ✳

Website:

Username:

Password:

Notes:

✳ ✳ ✳ ✳

Website:

Username:

Password:

Notes:

Website:

Username:

Password:

Notes:

G

✳ ✳ ✳ ✳

Website:

Username:

Password:

Notes:

✳ ✳ ✳ ✳

Website:

Username:

Password:

Notes:

Website:

Username:

Password:

Notes:

* * * *

Website:

Username:

Password:

Notes:

* * * *

Website:

Username:

Password:

Notes:

Website: _____

Username: _____

Password: _____

Notes: _____

_____

_____

_____

✳ ✳ ✳ ✳

Website: _____

Username: _____

Password: _____

Notes: _____

_____

_____

_____

✳ ✳ ✳ ✳

Website: _____

Username: _____

Password: _____

Notes: _____

_____

_____

_____

Website:

Username:

Password:

Notes:

H

✳ ✳ ✳ ✳

Website:

Username:

Password:

Notes:

✳ ✳ ✳ ✳

Website:

Username:

Password:

Notes:

Website:

Username:

Password:

Notes:

H

✳ ✳ ✳ ✳

Website:

Username:

Password:

Notes:

✳ ✳ ✳ ✳

Website:

Username:

Password:

Notes:

Website:

Username:

Password:

Notes:

* * * *

Website:

Username:

Password:

Notes:

* * * *

Website:

Username:

Password:

Notes:

Website: _____

Username: _____

Password: _____

Notes: _____

_____

_____

_____

✳ ✳ ✳ ✳

Website: _____

Username: _____

Password: _____

Notes: _____

_____

_____

_____

✳ ✳ ✳ ✳

Website: _____

Username: _____

Password: _____

Notes: _____

_____

_____

_____

Website:

Username:

Password:

Notes:

* * * *

IJ

Website:

Username:

Password:

Notes:

* * * *

Website:

Username:

Password:

Notes:

Website:

Username:

Password:

Notes:

* * * *

IJ

Website:

Username:

Password:

Notes:

* * * *

Website:

Username:

Password:

Notes:

Website:

Username:

Password:

Notes:

* * * *

Website:

Username:

Password:

Notes:

* * * *

Website:

Username:

Password:

Notes:

Website:

Username:

Password:

Notes:

* * * *

IJ

Website:

Username:

Password:

Notes:

* * * *

Website:

Username:

Password:

Notes:

Website: _____

Username: _____

Password: _____

Notes: _____

_____

_____

_____

✳ ✳ ✳ ✳

Website: _____

Username: _____

Password: _____

Notes: _____

_____

_____

_____

✳ ✳ ✳ ✳

Website: _____

Username: _____

Password: _____

Notes: _____

_____

_____

_____

K

Website: _____

Username: _____

Password: _____

Notes: _____

_____

_____

_____

✳ ✳ ✳ ✳

Website: _____

Username: _____

Password: _____

Notes: _____

_____

_____

_____

✳ ✳ ✳ ✳

Website: _____

Username: _____

Password: _____

Notes: _____

_____

_____

_____

K

Website:

Username:

Password:

Notes:

✳ ✳ ✳ ✳

Website:

Username:

Password:

Notes:

✳ ✳ ✳ ✳

Website:

Username:

Password:

Notes:

Website: _____

Username: _____

Password: _____

Notes: _____

_____

_____

_____

* * * *

Website: _____

Username: _____

Password: _____

Notes: _____

_____

_____

_____

* * * *

Website: _____

Username: _____

Password: _____

Notes: _____

_____

_____

_____

Website:

Username:

Password:

Notes:

✳ ✳ ✳ ✳

Website:

Username:

Password:

Notes:

✳ ✳ ✳ ✳

Website:

Username:

Password:

Notes:

Website:

Username:

Password:

Notes:

* * * *

Website:

Username:

Password:

Notes:

* * * *

Website:

Username:

Password:

Notes:

Website:

Username:

Password:

Notes:

* * * *

Website:

Username:

Password:

Notes:

* * * *

Website:

Username:

Password:

Notes:

Website:

Username:

Password:

Notes:

* * * *

Website:

Username:

Password:

Notes:

* * * *

Website:

Username:

Password:

Notes:

Website:

Username:

Password:

Notes:

* * * *

Website:

Username:

Password:

Notes:

* * * *

Website:

Username:

Password:

Notes:

Website:

Username:

Password:

Notes:

* * * *

Website:

Username:

Password:

Notes:

* * * *

Website:

Username:

Password:

Notes:

Website: _____

Username: _____

Password: _____

Notes: _____

_____

_____

_____

✳ ✳ ✳ ✳

Website: _____

Username: _____

Password: _____

Notes: _____

_____

_____

_____

✳ ✳ ✳ ✳

Website: _____

Username: _____

Password: _____

Notes: _____

_____

_____

_____

Website:

Username:

Password:

Notes:

✳ ✳ ✳ ✳

Website:

Username:

Password:

Notes:

M

✳ ✳ ✳ ✳

Website:

Username:

Password:

Notes:

Website:

Username:

Password:

Notes:

✳ ✳ ✳ ✳

Website:

Username:

Password:

Notes:

✳ ✳ ✳ ✳

Website:

Username:

Password:

Notes:

Website:

Username:

Password:

Notes:

* * * *

Website:

Username:

Password:

Notes:

N

* * * *

Website:

Username:

Password:

Notes:

Website:

Username:

Password:

Notes:

✳ ✳ ✳ ✳

Website:

Username:

Password:

Notes:

✳ ✳ ✳ ✳

Website:

Username:

Password:

Notes:

Website:

Username:

Password:

Notes:

* * * *

Website:

Username:

Password:

Notes:

* * * *

Website:

Username:

Password:

Notes:

Website:

Username:

Password:

Notes:

✳ ✳ ✳ ✳

Website:

Username:

Password:

Notes:

✳ ✳ ✳ ✳

Website:

Username:

Password:

Notes:

Website:

Username:

Password:

Notes:

* * * *

Website:

Username:

Password:

Notes:

* * * *

Website:

Username:

Password:

Notes:

Website: _____

Username: _____

Password: _____

Notes: _____

_____

_____

_____

✳ ✳ ✳ ✳

Website: _____

Username: _____

Password: _____

Notes: _____

_____

_____

_____

✳ ✳ ✳ ✳

Website: _____

Username: _____

Password: _____

Notes: _____

_____

_____

_____

Website:

Username:

Password:

Notes:

* * * *

Website:

Username:

Password:

Notes:

* * * *

Website:

Username:

Password:

Notes:

Website:

Username:

Password:

Notes:

* * * *

Website:

Username:

Password:

Notes:

* * * *

Website:

Username:

Password:

Notes:

Website: _____

Username: _____

Password: _____

Notes: _____

_____

_____

_____

✳ ✳ ✳ ✳

Website: _____

Username: _____

Password: _____

Notes: _____

_____

_____

_____

✳ ✳ ✳ ✳

P

Website: _____

Username: _____

Password: _____

Notes: _____

_____

_____

_____

Website:

Username:

Password:

Notes:

✳ ✳ ✳ ✳

Website:

Username:

Password:

Notes:

✳ ✳ ✳ ✳

P

Website:

Username:

Password:

Notes:

Website:

Username:

Password:

Notes:

✳ ✳ ✳ ✳

Website:

Username:

Password:

Notes:

✳ ✳ ✳ ✳

Website:

Username:

Password:

Notes:

Website: _____

Username: _____

Password: _____

Notes: _____

_____

_____

_____

* * * *

Website: _____

Username: _____

Password: _____

Notes: _____

_____

_____

_____

* * * *

Website: _____

Username: _____

Password: _____

Notes: _____

_____

_____

_____

QR

Website:

Username:

Password:

Notes:

* * * *

Website:

Username:

Password:

Notes:

* * * *

QR

Website:

Username:

Password:

Notes:

Website:

Username:

Password:

Notes:

✳ ✳ ✳ ✳

Website:

Username:

Password:

Notes:

✳ ✳ ✳ ✳

Website:

Username:

Password:

Notes:

QR

Website: _____

Username: _____

Password: _____

Notes: _____

_____

_____

_____

✳ ✳ ✳ ✳

Website: _____

Username: _____

Password: _____

Notes: _____

_____

_____

_____

✳ ✳ ✳ ✳

QR

Website: _____

Username: _____

Password: _____

Notes: _____

_____

_____

_____

Website:

Username:

Password:

Notes:

✳ ✳ ✳ ✳

Website:

Username:

Password:

Notes:

✳ ✳ ✳ ✳

Website:

Username:

Password:

Notes:

S

Website:

Username:

Password:

Notes:

_____

_____

_____

* * * *

Website:

Username:

Password:

Notes:

_____

_____

_____

* * * *

Website:

Username:

Password:

Notes:

_____

_____

_____

Website:

Username:

Password:

Notes:

✳ ✳ ✳ ✳

Website:

Username:

Password:

Notes:

✳ ✳ ✳ ✳

Website:

Username:

Password:

Notes:

S

Website:

Username:

Password:

Notes:

✳ ✳ ✳ ✳

Website:

Username:

Password:

Notes:

✳ ✳ ✳ ✳

Website:

Username:

Password:

Notes:

Website: _____

Username: _____

Password: _____

Notes: _____

_____

_____

_____

✳ ✳ ✳ ✳

Website: _____

Username: _____

Password: _____

Notes: _____

_____

_____

_____

✳ ✳ ✳ ✳

Website: _____

Username: _____

Password: _____

Notes: _____

_____

_____

_____

T

Website: _____

Username: _____

Password: _____

Notes: _____

_____

_____

_____

✳ ✳ ✳ ✳

Website: _____

Username: _____

Password: _____

Notes: _____

_____

_____

_____

✳ ✳ ✳ ✳

Website: _____

Username: _____

Password: _____

Notes: _____

_____

_____

_____

Website:

Username:

Password:

Notes:

✳ ✳ ✳ ✳

Website:

Username:

Password:

Notes:

✳ ✳ ✳ ✳

Website:

Username:

Password:

Notes:

T

Website: _____

Username: _____

Password: _____

Notes: _____

_____

_____

_____

✳ ✳ ✳ ✳

Website: _____

Username: _____

Password: _____

Notes: _____

_____

_____

_____

✳ ✳ ✳ ✳

Website: _____

Username: _____

Password: _____

Notes: _____

_____

_____

_____

Website:

Username:

Password:

Notes:

* * * *

Website:

Username:

Password:

Notes:

* * * *

Website:

Username:

Password:

Notes:

UV

Website:

Username:

Password:

Notes:

* * * *

Website:

Username:

Password:

Notes:

* * * *

Website:

Username:

Password:

Notes:

Website:

Username:

Password:

Notes:

✳ ✳ ✳ ✳

Website:

Username:

Password:

Notes:

✳ ✳ ✳ ✳

Website:

Username:

Password:

Notes:

uv

Website:

Username:

Password:

Notes:

✳ ✳ ✳ ✳

Website:

Username:

Password:

Notes:

✳ ✳ ✳ ✳

Website:

Username:

Password:

Notes:

uv

Website:

Username:

Password:

Notes:

✳ ✳ ✳ ✳

Website:

Username:

Password:

Notes:

✳ ✳ ✳ ✳

Website:

Username:

Password:

Notes:

WX

Website: _____

Username: _____

Password: _____

Notes: _____

_____

_____

_____

      ✳   ✳   ✳   ✳

Website: _____

Username: _____

Password: _____

Notes: _____

_____

_____

_____

      ✳   ✳   ✳   ✳

Website: _____

Username: _____

Password: _____

Notes: _____

_____

_____

_____

Website: _____

Username: _____

Password: _____

Notes: _____

_____

_____

_____

✳ ✳ ✳ ✳

Website: _____

Username: _____

Password: _____

Notes: _____

_____

_____

_____

✳ ✳ ✳ ✳

Website: _____

Username: _____

Password: _____

Notes: _____

_____

_____

_____

Website: _____

Username: _____

Password: _____

Notes: _____

_____

_____

_____

* * * *

Website: _____

Username: _____

Password: _____

Notes: _____

_____

_____

_____

* * * *

Website: _____

Username: _____

Password: _____

Notes: _____

_____

_____

_____

WX

Website:

Username:

Password:

Notes:

* * * *

Website:

Username:

Password:

Notes:

* * * *

Website:

Username:

Password:

Notes:

Website: _____

Username: _____

Password: _____

Notes: _____

_____

_____

_____

_____

* * * *

Website: _____

Username: _____

Password: _____

Notes: _____

_____

_____

_____

_____

* * * *

Website: _____

Username: _____

Password: _____

Notes: _____

_____

_____

_____

_____

Website:

Username:

Password:

Notes:

* * * *

Website:

Username:

Password:

Notes:

* * * *

Website:

Username:

Password:

Notes:

YZ

Website:

Username:

Password:

Notes:

* * * *

Website:

Username:

Password:

Notes:

* * * *

Website:

Username:

Password:

Notes:

YZ